Escrito por Raphaëlle Brice
Ilustraciones de Claude y Denise Millet

Traducción de Cristina Azaola
Coordina la serie María Puncel

Título original: *L'aventure de la pomme de terre*

Príncipe de Vergara, 81. 28006 Madrid

I.S.B.N.: 84-372-5005-6

La aventura de la patata

ediciones Altea

La patata crece
dentro de la tierra.

La patata nunca se come cruda.
Se puede comer de muchas maneras: en puré, en sopa, rehogada, guisada, hervida, en ensalada, en tortilla...
Cuando se asa al horno, se vuelve tierna y se deshace en la boca.
Cortada en trozos y frita en aceite caliente, se vuelve crujiente.

En otros tiempos, en invierno, los niños iban al colegio con una patatita asada caliente en cada bolsillo; así se calentaban las manos.

La flor

La patata no es una raíz, como la zanahoria; ni un bulbo, como la cebolla; tampoco es un tallo con brotes, como el espárrago.

La patata es un tubérculo,

una especie de bolsa fabricada por las raíces. La planta de la patata también da un fruto parecido a un pequeño tomate verde, que por cierto es de la misma familia que él, pero no se come.

El fruto

El boniato y la batata son tubérculos.
El ñame y la mandioca son raíces.

De una patata plantada se obtienen otras quince o veinte nuevas patatas.

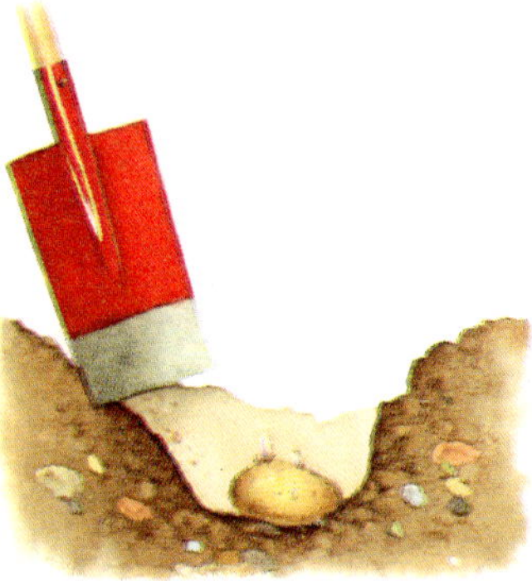

En primavera se entierra un tubérculo de la última cosecha. Aparece un germen. Crece, sale de la tierra y se convierte en tallo. Ha crecido tomando su alimento de la patata enterrada. Las raíces se desarrollan y producen patatitas.

La patata vieja se arruga y se encoge a medida que va creciendo la planta.

El agricultor forma un montoncito de tierra al pie de la planta para que los tubérculos nuevos queden resguardados de la

luz; de lo contrario, se pondrían verdes. En otoño la planta se vuelve amarilla; las hojas mustias indican que la piel de los tubérculos ya está bien formada y se pueden recolectar.

¿De dónde viene la patata?

Los incas del Perú cultivaban desde hacía mucho tiempo unas patatas muy pequeñas: las «papas».

Los españoles descubren América y la patata.

Después del descubrimiento de América por Cristóbal Colón,

Pizarro y sus soldados españoles fueron a conquistar el Perú. Encontraron que los indígenas se alimentaban de una extraña hortaliza: la patata.

Cuando volvieron a Europa, hacia 1570, trajeron patatas en sus carabelas.

Hoy en día, los campesinos peruanos conservan las patatas durante muchos años, secándolas como lo hacían los incas; las pisotean para extraerles el agua y las dejan congelarse a la intemperie durante varias noches.

¿Cómo empezó a gustar esta hortaliza traída de tan lejos? En el siglo XVII, los campesinos preferían dar las patatas a los cerdos antes que comerlas ellos, incluso en los años de hambre.

Raleigh llevó la patata a Inglaterra.

La astucia de Parmentier. Hizo vigilar los campos de patatas por los soldados del rey, como si se tratara de grandes riquezas. Los campesinos, verdaderamente intrigados, vinieron a robar las cosechas. Y, por fin, se dieron cuenta de que nadie se pone enfermo por comer patatas.

Parmentier

La recogida de las patatas.

Antes de que aparecieran las máquinas, los campesinos las sacaban de la tierra con una pala. Luego las dejaban secar en el campo antes de seleccionarlas. Parte de ellas eran guardadas para plantarlas al años siguiente;

las que estaban estropeadas se daban al ganado y las demás se reservaban para las personas. Durante mucho tiempo las patatas fueron la hortaliza de la gente pobre. Hace solamente cien años que las come todo el mundo.

La dorífora, o escarabajo de la patata, fue el peor enemigo de la patata durante mucho tiempo. Su hembra pone 2.500 huevos, que se convierten en larvas en cinco o seis semanas y más tarde en adultos que, a su vez, ponen más huevos. Las larvas son tan voraces que entre treinta pueden devorar una planta entera en ocho días.

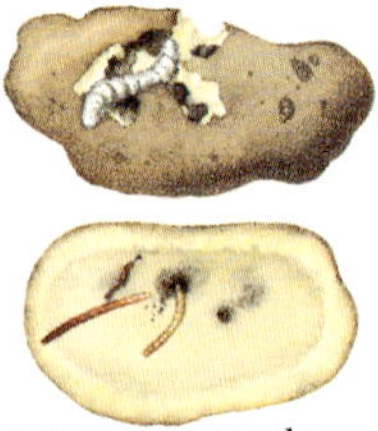

Patata estropeada por una larva de elátero.

Los tubérculos también son devorados por gusanos, babosas o milpiés.

Afortunadamente, las avispas, los tábanos, las mariquitas y las perdices devoran doríforas en grandes cantidades.

Pero no sólo los animales atacan la patata.

El mildiú, un hongo microscópico, provoca el desecamiento de las hojas y la putrefacción de los tubérculos. Puede destruir una cosecha entera. Eso ocurrió en Irlanda en el siglo XIX; el hambre que causó provocó la marcha de muchísimos irlandeses hacia Estados Unidos.

Hoy en día, se pueden esparcir a máquina unos productos químicos que destruyen insectos, parásitos y malas hierbas.

Las malas hierbas pueden ahogar las plantas de la patata.

Desenterradora-
seleccionadora

Hoy en día, la cosecha está totalmente mecanizada.

Las máquinas que desentierran las patatas pueden separar los tubérculos de las piedras y de los terrones.

La calibradora selecciona la cosecha en distintas categorías: las pequeñas, las medianas, las grandes, las deformes y las verdes. Estas se separan a mano y no se venden.

Máquina calibradora-
ensacadora

Principales variedades de patatas:

Bintge | Bella de Fontenoy | Ratte | Holandesa | Apolo | BF. 15

En un lugar seco, sombreado y bien aireado, las patatas se conservan durante un año.

La patata temprana.

Se recoge antes de que haya terminado de crecer. Su piel es aún muy fina y apenas la protege. Se estropea rápidamente y hay que comerla pronto.

En el campo se conservan a veces las patatas bajo una capa de paja y de tierra, que las protege de las heladas.

El maíz. Se cultiva sobre todo en México, Estados Unidos y Europa.

El trigo. Se cultiva en Europa, pero los países que más producen son Estados Unidos, Canadá y la URSS.

El mijo. Se cultiva sobre todo en Africa, pues soporta bien la sequedad de este continente.

El arroz. Crece en campos inundados: los arrozales.

En algunos países, la cocina cotidiana se basa en los cereales:

El maíz, en América del Sur, se come tostado. Con harina de maíz se hacen tortitas, las «tortillas».

El trigo; un poco por todo el mundo; con la harina de trigo se hacen el pan y los pasteles. En Africa del Norte, la especialidad es el cuscús: una sémola de trigo servida con verduras y carne.

El mijo; en Africa. Con su harina se preparan papillas o tortitas.

El arroz; en Asia. Se come en casi todas las comidas. A menudo se deja un poco pegajoso, pues así es más fácil de manejar con los palillos.

Las fábricas de transformación de la patata. Cuando no se quiere cocinar algo complicado, se puede comprar puré, patatas fritas a la inglesa o patatas fritas congeladas, preparadas en la fábrica, que no están hechas del todo. Para poder comerlas hay que freírlas otra vez.

Para conseguir el puré en copos, las patatas han sido cocidas, aplastadas, secadas en una máquina calentadora y más tarde convertidas en copos. En casa se hace el puré con un poco de agua y leche.

Hay variedades de patata que se cultivan para producir **la fécula,** extraída de los tubérculos. Este polvo blanco se utiliza en la industria; es absorbente, elástico y pegajoso, por lo que se emplea en la composición de pegamentos, entre otras muchas cosas.

Hay fécula de patata en las salsas, las sopas, las tartas, los helados de

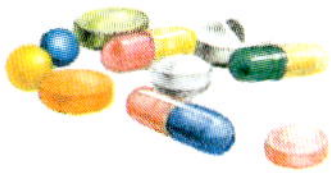

nata, en la lana sintética, en la cola y las medicinas, en las pilas eléctricas,

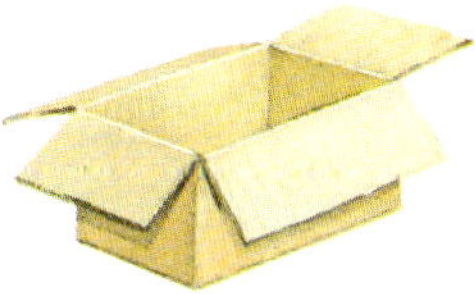

los cartones, el papel y también en los pañales para bebés.

Algunos científicos estudian diariamente esta hortaliza que tanto comemos.

Su tarea consiste en crear nuevas variedades de patata. Recogen polen de la flor de una variedad y lo depositan en la flor de otra variedad; las «casan entre ellas» para obtener simientes que darán nuevas patatas: resistirán mejor las enfermedades. Para obtener rápidamente estas patatas, cultivan sus gérmenes en probetas.

6B
8A

El patatograbado.
Hay que cortar una patata en dos trozos. Se dibuja y se talla una figura con la punta de un cuchillo. Tiene que estar en relieve.

Para imprimir se vierte en el fondo de una caja un poco de tinta o de gouache líquido que se recubre con un papel secante. Cuando el secante está bien empapado, se apoya la figura encima y luego se aprieta contra el papel. De este modo se pueden decorar bonitos frisos para cuadernos, tarjetas de invitación o papel de cartas.

Para esta receta se necesitan:

4 patatas gordas,

8 huevos,

50 gr. de mantequilla,

sal, pimienta.

Huevos al nido.

Se enciende el horno, regulando el termostato a media temperatura. Se lavan las patatas y se envuelven en papel de aluminio. Se dejan en el horno durante una hora y media. Se derrite la mantequilla en un cazo al fuego. Se parten por la mitad las patatas calientes y se hace un hueco en cada una formando nidos que se rellenan con un huevo y mantequilla derretida. Se añade sal y pimienta y se vuelven a meter en el horno el tiempo necesario para que los huevos se cuajen y se pongan blancos.

Para esta receta se necesitan:

Puré en copos, 1/2 litro de agua, 3 huevos, sal y pimienta, 100 gramos de queso rallado, mantequilla.

El suflé de patatas.

Se enciende el horno, a media temperatura. Se prepara el puré con agua casi hirviendo y sal. Se separan las claras de los huevos. Se mezclan con el puré la mantequilla, la pimienta, la sal, las yemas y, en el último momento, las claras batidas a punto de nieve. Se unta un molde con mantequilla y se vierte la masa en él. Se espolvorea el queso rallado por encima. Se deja en el horno durante 40 minutos y se sirve inmediatamente, cuando el queso rallado esté dorado. Hay que comerlo enseguida, antes de que se deshinche.

Patatas

Castañares es un pueblo
cubierto de manantial;
que cogen buenas patatas
que alimentan de verdad.

Castañares, Castañares
ya te has vuelto capital,
que sembramos las patatas
y las vendemos a rial.

(Coplas riojanas)

La patata, si está frita,
a que la comas te invita.
La patata, si está asada,
es sabrosa y delicada.
Son delicia y maravilla
las patatas en tortilla.
Se comen mucho en Bilbao
patatas con bacalao.
Y en las mesas elegantes
te las sirven con guisantes.
A mi tío Juan José
le gustan mucho en puré,
pero yo en cambio prefiero
que me las guisen con mero.
La patata es alimento
que a todos les da contento
pues se guisa de mil modos
para darles gusto a todos.